不可思议的动物生活系列

了不起的尾巴

（比）蕾妮·哈伊尔 绘著　　陈飞宇 译

CHISO 青少社 SINCE 1956 新疆青少年出版社

很久很久以前，有些动物的样子和现在并不相同。在适应外部生存环境的漫长过程中，它们的样子发生了改变。这些动物的后代，有的脖子变长了，有的鼻子变长了，还有的脚变大了。

这些鸟儿不同寻常的嘴，就是它们为了能从周围的环境中获取足够的食物而逐渐形成的。

在几千万年前，马的外形和特征跟我们今天看到的马真是大不相同。

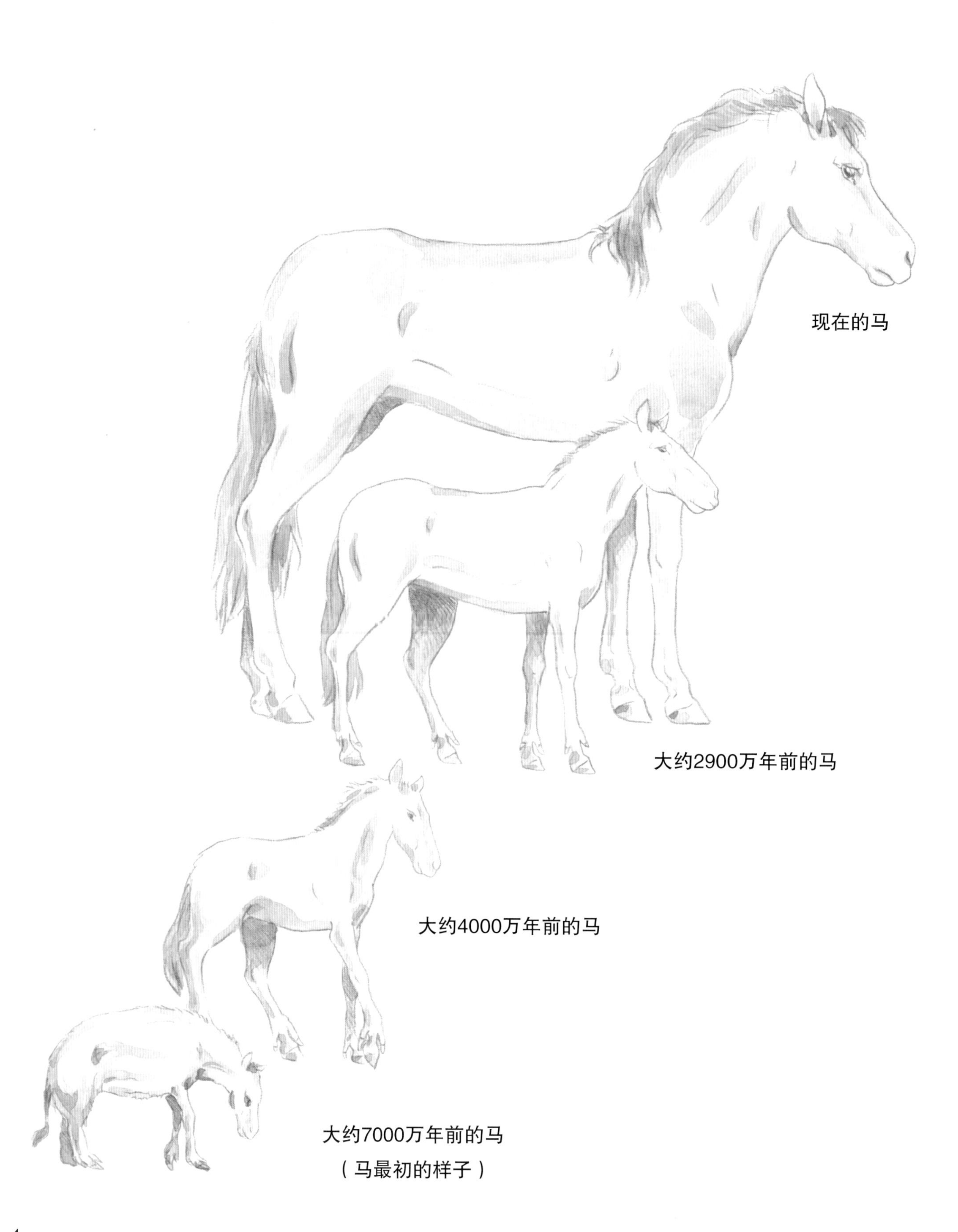

狗的祖先很可能是狼，尽管现在的狗不那么像狼，但仍有一些和狼相似的特征。

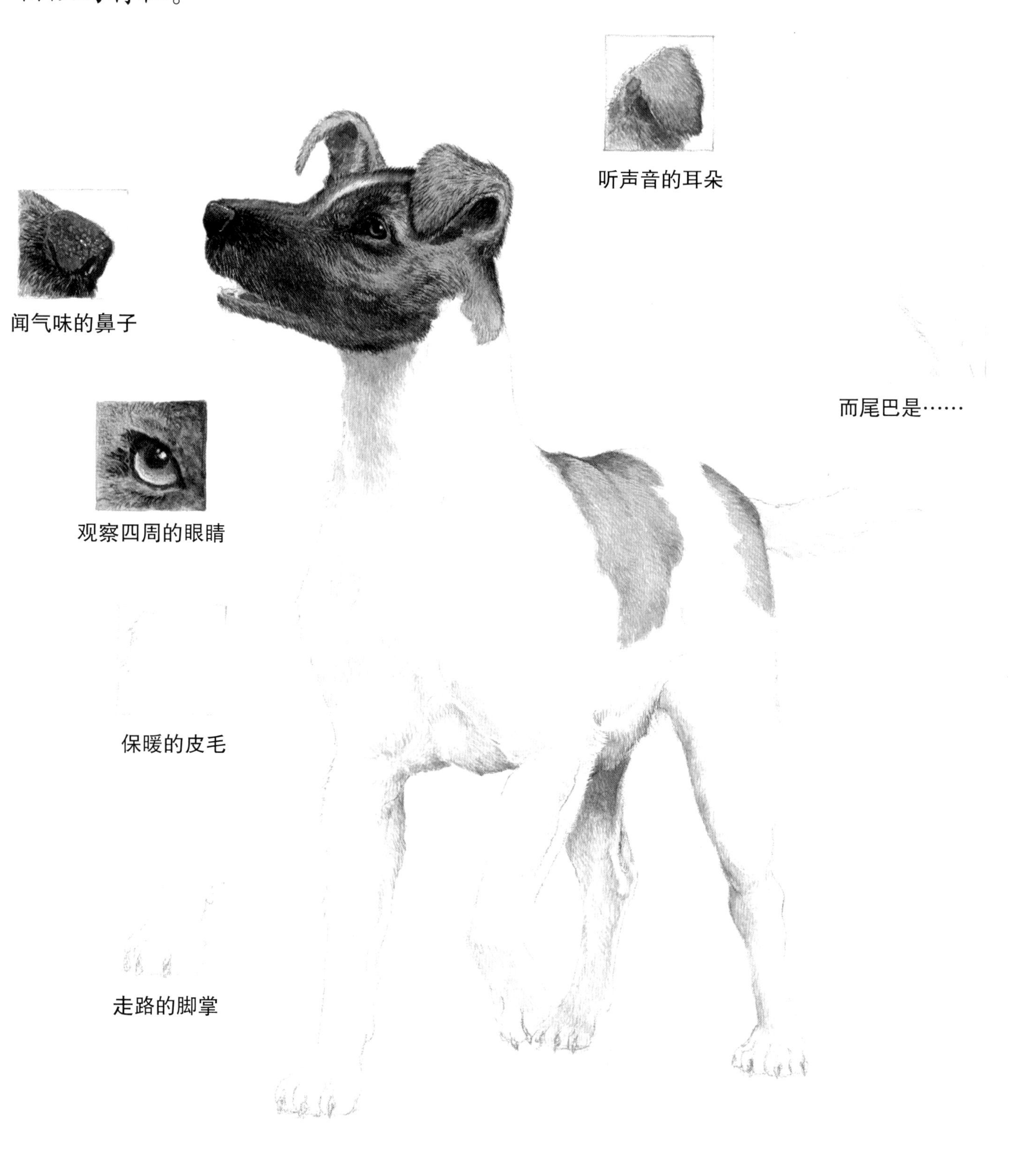

那么，狗长尾巴有什么用呢？

狗、狼，以及许多其他动物，都可以用尾巴和同伴交流。

难道想打架吗？

我才是大王！

我听你的。

我不感兴趣。

我就是要待在这儿。

我好高兴呀！

想一想，下面这些动物的尾巴又有什么用呢？

菱背响尾蛇　斑袋貂　小丑鱼

青山雀　火蝾螈　叉角羚

美洲豹　琴鸟　斑点鳉xián

儒艮
纹颊企鹅
环尾狐猴
绿啄木鸟
高山欧螈
长颈鹿
钝尾毒蜥
刺龙虾
大青鲨

动物尾巴上的条纹等特殊标记，也是动物交流的一种方式。这些标记能帮助动物辨认自己的同类。

有些动物用尾巴发出警报。

“猎人来了，赶快顺着我尾巴指示的方向逃跑！”

噼啪！噼啪！

“不好，一只狮子靠过来了！我赶快用尾巴使劲拍打水面，提醒小伙伴们躲起来。”

啪！啪！

“遇到敌人，我就甩起鞭子似的尾巴吓退它们。”

咦？这些是谁的尾巴？

竟然能将自己的身体拴在树枝上！可真了不起！

19.日行守宫
20.翠绿树蚺
21.变色龙
22.野猫
23.南美绵毛负鼠

哇！这些鸟儿的尾巴可真华丽！它们正展示着自己美丽的尾巴，希望吸引异性的注意。

不过，鸟儿的尾巴还有更重要的用途。在鸟儿飞行时，尾巴可以当刹车器和方向盘；在树枝上停留休息的时候，又能变成平衡器，帮助保持身体平稳。

蓝喉歌鸲qú

鼯鼠能在树林里飞行，因为它的尾巴也能当方向盘。

这些动物使用尾巴的方式真是特别——让它们的身体像人一样保持直立。

总是游来游去的海洋动物更是离不开强壮的尾巴。

1.鲸鲨
2.领航鱼
3.大白鲨
4.弓背首鱼
5.蓝鳍金枪鱼
6.鳄鱼
7.海鬣蜥
8.海獭
9.海蛇
10.海牛
11.龙虾
12.挪威海螯虾
13.月鱼
14.小鲷diāo
15.抹香鲸
16.独角鲸
17.皇带鱼
18.剑鱼
19.刺河豚
20.刺龙虾
21.康吉鳗
22.鲭qīng鱼
23.雀鲷

7
8
9
11
12
23
22
21
18
10
19
20
鱼类
鲸类
虾类
爬行类
哺乳类

海洋哺乳动物的尾巴可能是最了不起的尾巴！

它们的尾巴威力无穷，有很多不同的作用。

海豚和飞鱼的尾巴有助于跳跃。

南露脊鲸用尾巴保护自己。

虎鲸的尾巴能让它们游得非常快。

马、牛、长颈鹿和狮子的尾巴是自带的苍蝇拍，能赶走讨厌的害虫。

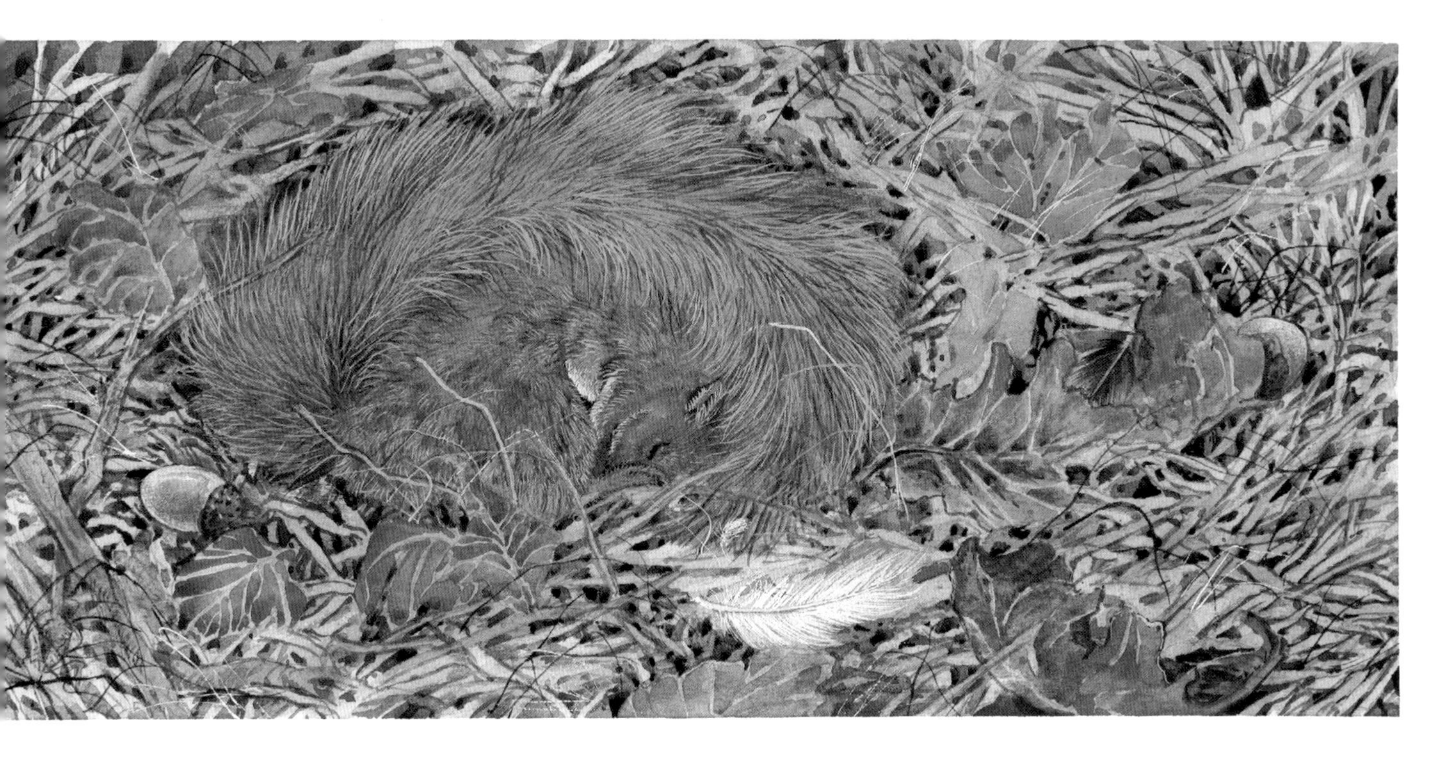

天冷的时候，红松鼠把自己的尾巴当毯子盖。

穿山甲用尾巴卷成坚硬的盾牌，以赶走敌人。

爬行动物的尾巴就更神奇了，可以迷惑敌人，掩护自己逃生。

捕食者上当了！它以为咬住了北叶尾壁虎的头，而实际上那只是壁虎的尾巴。

捕食者又上当了！它确实咬到了盲缺肢蜥的尾巴，但尾巴自动断开，盲缺肢蜥早就趁机逃跑了。

鬣蜥的尾巴是斗争的武器，它用尾巴猛烈地抽打捕食者。

光滑珠尾虎找不到东西吃时，就吃自己尾巴里储存的脂肪。

其他的动物也会把脂肪储存在身体里，但不全是储存在尾巴里。

双峰驼和单峰驼会把脂肪储存在驼峰里。

河狸、脂尾袋鼬和大鼠狐猴把脂肪储存在尾巴里。

北美负鼠

地球上所有的动物中，负鼠可能是最善于利用自己的尾巴的。

那么，世界上所有的动物都有尾巴吗？

当然不是。水豚就没有尾巴。尽管尾巴的用处非常大，没有尾巴的动物却也活得很好，因为它们根本不需要尾巴。

水豚

这些动物都没有尾巴，看，它们不是也过得快快活活的吗？

1.大猩猩

2.红毛猩猩

3.树袋熊

4.黑猩猩

5.蜂猴

6.蚊子

7.刺豚鼠

8.海胆

9.豚鼠

10.蹄兔

11.扇贝

12.海星

13.白颊长臂猿

14.蓝闪蝶

15.君主斑蝶

16.草蜢

17.吉丁虫

18.褐几维鸟

19.捕鸟蛛

20.水豚

21.锄足蟾

22.树蛙

词汇表

● **哺乳动物**：有脊柱，身体有毛发的动物。雌性通常分娩生出幼崽，并分泌母乳喂养幼崽。

● **储存**：把东西保存起来，为了以后或者特殊时期使用。

● **防卫**：使用武力或者武器来保护处于危险中或者受伤害的自身。

● **环境**：居住地；具有特定气候、食物、水资源、特定动植物的地域以及人类发展总况，所有这些限定了此处动植物的生存条件。

● **家养动物**：经过驯化，能与人类和谐生活的动物。比如狗或猫等宠物，比如马、奶牛、鸡等农场动物。

● **交流**：用语言或非语言信号来传递或者交换信息。

● **警报**：一种信号，比如一种声音或者一个动作，提醒同伴有危险。

● **爬行动物**：用肺呼吸的卵生或胎生动物，通常皮肤上有鳞片或黏液。爬行动物靠收缩腹部滑行，比如蛇；或者用很短的腿爬行，比如蜥蜴。鳄鱼、海龟是爬行动物，甚至大多数恐龙也是爬行动物。

● **平衡**：以一个姿势保持平稳，保持各方向的力量均衡。

● **适应**：改变身体形态或者调整行为方式来满足变化的生存环境。无法适应环境的动物就无法生存。

● **物种**：外观和行为非常相近，而且可以交配的同一种动物群体。

● **直立**：保持垂直或竖直的姿势。

图书在版编目（CIP）数据

了不起的尾巴 /（比）蕾妮·哈伊尔绘著；陈飞宇译．-- 乌鲁木齐：新疆青少年出版社，2018.1（2023.2 重印）
（不可思议的动物生活系列）
ISBN 978-7-5590-2746-7

Ⅰ．①了… Ⅱ．①蕾… ②陈… Ⅲ．①动物—青少年读物 Ⅳ．① Q95-49

中国版本图书馆 CIP 数据核字 (2017) 第 263473 号

图字：29-2014-03 号

不可思议的动物生活系列

了不起的尾巴 [比]蕾妮·哈伊尔 绘著 陈飞宇 译

出 版 人：徐 江
策 划：许国萍
责任编辑：许国萍 贺艳华
特约审校：朱玉芬
美术编辑：查 璇 邓志平
封面设计：童 磊 查 璇
专业知识审校：王安梦
法律顾问：王冠华 18699089007

出版发行：新疆青少年出版社
地 址：乌鲁木齐市北京北路 29 号（邮编：830012）
经 销：全国新华书店
印 制：雅迪云印（天津）科技有限公司

开 本：889mm×1194mm 1/16
印 张：2.75
版 次：2018 年 1 月第 1 版
印 次：2023 年 2 月第 3 次印刷
字 数：10 千字
印 数：11 001-14 000 册
书 号：ISBN 978-7-5590-2746-7
定 价：42.00 元